U0347593

我最爱吃的牛羊肉

贺师傅教你严选食材做好菜　广受欢迎的各种食材料理

加　贝 ◎ 著

译林出版社

图书在版编目(CIP)数据

我最爱吃的牛羊肉 / 加贝著 . -- 南京 : 译林出版社，2015.4
(贺师傅幸福厨房系列)
ISBN 978-7-5447-5385-2

Ⅰ . ①我… Ⅱ . ①加… Ⅲ . ①牛肉－荤菜－菜谱②羊肉－荤菜－菜谱
Ⅳ . ① TS972.125

中国版本图书馆 CIP 数据核字 (2015) 第 054499 号

书　　名	我最爱吃的牛羊肉
作　　者	加 贝
责任编辑	王振华
特约编辑	梁永雪
出版发行	凤凰出版传媒股份有限公司
	译林出版社
出版社地址	南京市湖南路1号A楼，邮编：210009
电子信箱	yilin@yilin.com
出版社网址	http://www.yilin.com
印　　刷	北京旭丰源印刷技术有限公司
开　　本	710×1000毫米　　1/16
印　　张	8
字　　数	28.5千字
版　　次	2015年4月第1版　　　2015年4月第1次印刷
书　　号	ISBN 978-7-5447-5385-2
定　　价	25.00元

译林版图书若有印装错误可向承印厂调换

目 录

牛肉 的 百变风味

CONTENTS

羊肉 的 花样吃法

酸汤肥牛

牛各部位肉的不同烹调方法

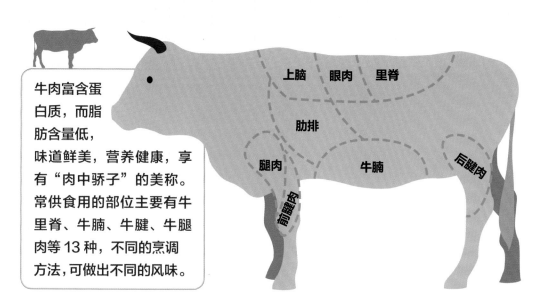

牛肉富含蛋白质，而脂肪含量低，味道鲜美，营养健康，享有"肉中骄子"的美称。常供食用的部位主要有牛里脊、牛腩、牛腱、牛腿肉等 13 种，不同的烹调方法，可做出不同的风味。

牛里脊 　切割自牛背部的瘦肉，肉质软嫩，可烘烤、煎或炭烤，也可滑炒、滑熘、软炸等。常用来代替菲利，制成肉排。

牛肋肉 　是牛肋骨部位的肉，瘦肉较多，脂肪较少，适合红烧或者炖汤，也可以烤制，味道鲜美，营养丰富。

牛眼肉 　指在肋排之下，沿着脊骨所附着的肉块。牛眼肉细腻柔软，脂肪含量高，口感香甜多汁，常用来烘烤、煎炸或者炭烤。

牛　腩 　即牛腹部及靠近牛肋处的肌肉，适合红烧、焖炖、煲汤等。烹饪时放入山楂、橘皮或者茶叶，肉质细嫩、易烂。

牛　腱 　指牛腿部的肉，分为前腱、后腱等 5 部分，呈长圆柱形状，肉质细腻，最适合酱卤，也可焖炖、红烧、煲汤、凉拌等。

牛蹄筋 　指附在牛蹄骨上的韧带，口感淡嫩不腻，质地犹如海参，常见的吃法有煮、烧、烩、卤、干拌，滑爽酥香、味鲜口利。

羊各部位肉的不同烹调方法

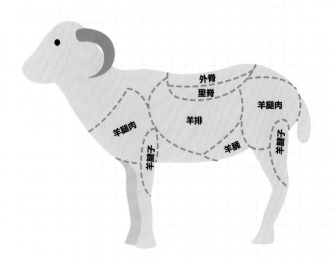

羊肉鲜嫩美味，营养丰富，既能御风寒，又可补身体，最适宜于冬季食用，故被称为"冬令补品"，深受人们欢迎。羊肉可食部分为肩部、背部和腿部等，口感各有不同。

羊里脊		包括里脊和外脊，位于脊骨的两侧，肉质细嫩，适合涮、烤、煎、爆、炒、炸、熘等，软嫩爽口。
羊排骨		包括脊骨在内的两侧肋骨，适宜于炖、焖、炸、烤、红烧、制汤等，味道鲜香。
羊脊骨		即羊的脊梁骨，含有大量骨髓，软滑香嫩，适合红烧、煲汤、焖炖，对肾虚、腰痛、耳聋等有一定食疗功效。
羊　腩		位于肋肉下面腹部处的肉，肉质肥多瘦少，无筋络，适合烧烤、焖炖、酱等。
羊腿肉		包括前后腿，可烧烤、卤酱、蒸等，因其易附着脂肪，又含有饱和脂肪酸，故常作为食疗食材。
羊　蹄		即羊的四足，含有丰富的胶原蛋白质，可红烧、香卤、酱焖、煲汤等，鲜香可口，有强筋壮骨之功效，老少皆宜。

牛羊肉料理的独门诀窍

牛肉料理的独门诀窍

之一：巧切牛肉

牛肉的纤维组织较粗，结缔组织又较密实，所以先捶打、拍松牛肉，再逆着纹路横切，可以破坏牛肉纤维，吃起来更软嫩。

之二：巧煮牛肉

炖煮牛肉时，为使其口感滑嫩鲜美，可以采取以下方法：

1. 肉块可切得稍大一些，以减少肉中芳香物质的溶解。
2. 炖煮前用酱油、料酒、白糖、蛋液、水淀粉和小苏打等腌制15分钟，加生油封面，浸渍1~2小时，油分子渗入肉中，炒制时可破坏粗纤维，使牛肉滑嫩可口。
3. 炖煮时，放一点儿冰糖或少量包好的茶叶，可使牛肉很快酥烂，且肉味鲜美。
4. 将姜汁拌入切好的牛肉中，放置1小时后烹调，可使肉鲜嫩可口，香味浓郁。

羊肉料理的独门诀窍

之一：去膜

羊肉中有很多膜，切丝之前应先将其剔除，否则炒熟后肉膜硬，吃起来难以下咽。

之二：去膻

羊肉膻腥味比较重，烹制前一定要事先去除，主要方法有：

1. 煮制时放数个山楂、萝卜、绿豆、橘皮、核桃或红枣，均可有效去除膻味；
2. 与料酒、米醋或红茶水等同煮也可去腥；
3. 炒制时放一些葱、姜、孜然、咖喱粉等佐料可以去除膻味。
4. 与包好碾碎的丁香、砂仁、豆蔻、紫苏等同煮，不但可去膻，还可使羊肉具有独特风味。

牛肉的
百变风味

杭椒牛柳、水煮牛肉、酸汤肥牛、红酒牛排……
不同的烹调方式，百变的牛肉风味，
给你带来一场火辣暖心的牛肉盛宴！

酸汤肥牛

将牛肉逆纹切成薄片，加腌料腌制，再用热油浇淋、泡熟，这样牛肉就会滑嫩好吃了。

水煮牛肉

● 书中计量单位换算

1小勺盐≈3g
1小勺糖≈2g
1小勺淀粉≈1g
1小勺香油≈2g
1小勺酵母粉≈2g

1大勺淀粉≈5g
1大勺酱油≈8g
1大勺醋≈6g
1大勺蚝油≈14g
1大勺料酒≈6g

✓

1大勺标准（平勺）

✗

1碗标准

1碗水≈250ml
1碗面粉≈150g

蚝油牛肉

材料： 牛里脊2块、红椒1个、青椒2个、姜6片、葱4段、蒜5瓣

调料： 生抽2大勺、干淀粉2大勺、蚝油2大勺、水淀粉3大勺、油5大勺、料酒2大勺、香油1小勺

制作方法

先拍松再逆着纹路切可防止牛肉变韧

去籽是为了不影响口感

1 牛里脊用刀背拍松，再逆着纹路切成薄片。

2 在切好的牛肉片中加1大勺生抽、2大勺干淀粉拌匀，腌制15分钟。

3 红椒、青椒均洗净、去籽，切块，备用。

4 将蚝油、水淀粉和1大勺生抽倒入碗中，搅拌均匀，调成芡汁。

5 炒锅中倒入3大勺油，待烧热后，下入腌好的牛肉片，翻炒至九成熟后盛出。

6 然后再加2大勺油，下入姜、葱、蒜爆香，香味飘出后放入牛肉片。

7 放入切好的青红椒，倒入2大勺料酒，继续翻炒约30秒。

8 接着倒入调好的芡汁勾芡，继续翻炒约30秒。

9 最后，转大火，迅速淋入香油，翻炒均匀后盛出即可。

蚝油富含多种氨基酸及微量元素，
特别是其含有的牛磺酸能增强人体免疫力，起到强身健体的作用。
蚝油与有"肉中骄子"之称的牛肉搭配，
能使牛肉更加鲜美，同时有健脾养胃的功效。

🕐 29分钟　🍳中级　🍜4人

芥蓝扒牛柳

材料：牛里脊肉2块、芥蓝10根、葱4小段、鲜姜4片、蒜5瓣

调料：水淀粉4大勺、料酒2大勺、生抽3大勺、胡椒粉1小勺、白糖1小勺、盐1小勺、油6大勺、孜然粉1小勺

制作方法

捶打可以破坏牛里脊纤维，吃起来更软

封油可锁住牛肉中的水分，使其更滑嫩

1 牛里脊肉洗净，用刀切成薄片后，再用刀背捶打，使其断筋，变得更薄。

2 调入水淀粉、料酒、生抽、胡椒粉、白糖、盐，与牛肉片一起腌制15分钟。

3 腌好的牛肉片加入3大勺油，确保每一片牛肉都能裹上油。

4 芥蓝洗净，切去根部老皮，斜成切段，放入沸水中焯烫30秒后迅速捞出。

5 捞出后的芥蓝置于凉水中浸泡，凉透后捞出，并滗净水分。

6 炒锅内放入3大勺油，烧热后放入葱段、鲜姜片以及蒜瓣煸香。

7 倒入腌制好的牛肉片，用大火翻炒约2分钟至肉变色。

8 加入冷却后的芥蓝，大火翻炒均匀。

9 调入生抽和孜然粉，快炒30秒，拌炒均匀后关火盛出。

芥蓝含有丰富的叶绿素，可以保护肝脏，并帮助肝脏排除毒素。其所含的镁、钙、磷等元素可促进骨骼修复和生长，而维生素K则可以增强成骨细胞活性，帮助人体将吸收的钙更好地利用到骨骼上。

⏱ 20分钟　🍲 初级　🍽 4人

野山椒炒牛肉

材料： 牛里脊肉2块、青椒2个、红椒1个、香菜8根、野山椒12个、姜丝1大勺、蒜4瓣

调料： 白糖1小勺、盐2小勺、淀粉1大勺、料酒2大勺、生抽3大勺、油5大勺

20分钟　初级　4人

野山椒炒牛肉怎样做才更入味？

牛肉要横切以及用刀背捶打，并腌制至少15分钟，以确保各种材料充分融合。烹制过程中要用大火爆炒，一来可防止牛肉炒得过老，二来可以让各种材料的味道更好地融合，让整道菜更入味。

制作方法

牛肉横切，并用刀背捶打断筋，可使口感更软

❶ 牛里脊肉洗净，切成片，放入碗中。

❷ 加入白糖、盐、淀粉、料酒、生抽一起调匀，与牛肉片一起腌制15分钟。

❸ 青椒、红椒洗净、去籽，切成丝，备用。

❹ 香菜洗净，切段；野山椒切段，备用。

❺ 炒锅中倒入3大勺油，大火烧热后，倒入腌制好的牛肉片，翻炒变色后盛出。

❻ 锅中倒2大勺油，放入姜丝、蒜瓣爆香，姜丝、蒜瓣微黄后，再放入青、红椒，炒至表皮发白。

❼ 然后加入盐，继续翻炒约2分钟。

❽ 倒入牛肉片、野山椒，大火翻炒约30秒。

❾ 最后，加入香菜段翻炒几下，即可盛出。

杭椒牛柳

材料：牛里脊肉1块、杭椒10根、红辣椒2根、葱1小段、姜1小块、蒜2瓣

腌料：黑胡椒粉0.5小勺、盐0.5小勺、料酒1大勺、淀粉1小勺、油1小勺

调料：油3大勺、生抽1小勺、老抽1小勺、白糖1小勺、黑胡椒粉0.5小勺

制作方法

事先捶打肉块，可使牛肉更滑嫩好吃

❶ 牛里脊肉洗净，逆着纹理切成0.5cm厚的片状。

❷ 用刀背捶打肉片，使牛肉纤维松散。

❸ 再顺着肉的纹理切成均匀的条状，放入碗中。

加少许油，可使炒出的牛肉更滑嫩

❹ 牛肉片中加入腌料，抓匀，腌制20分钟。

❺ 杭椒、红辣椒洗净，斜切成段；葱、姜洗净，切丝；蒜去皮，切片。

❻ 炒锅倒入2大勺油，烧至油略微冒烟，倒入腌好的牛肉片，中火炒至变色，盛出。

❼ 另加1大勺油，大火烧热，下入蒜片、葱姜丝，大火炒出香味。

❽ 然后加入杭椒、红辣椒，加生抽、老抽，再倒入炒好的牛肉片，大火翻炒均匀。

❾ 最后，加白糖、黑胡椒粉炒匀，爽口的杭椒牛柳即可出锅。

杭椒富含蛋白质、胡萝卜、维生素A、辣椒碱、辣椒红素以及钙、磷、铁等多种营养物质，是做菜时美味的佐料，有温中散寒的作用，是体寒虚凉、食欲不振等症的食疗佳品。

🕐 30分钟　🍚 中级　🍽 3人

豆豉苦瓜炒牛肉

材料： 牛肉1块、苦瓜1根、蒜5瓣、姜4片、干红辣椒5个

调料： 生抽2小勺、料酒2小勺、盐1小勺、油3大勺、豆豉4小勺

制作方法

用刀背捶打，可使牛肉断筋，口感更鲜嫩

淡盐水可去掉苦瓜的苦味

❶ 牛肉洗净，切成薄片，并用刀背捶打。

❷ 往牛肉片中加入生抽、料酒，腌制15分钟。

❸ 苦瓜洗净、去瓤，切成薄片，放入淡盐水中浸泡10分钟，捞出、滗干。

牛肉片入锅后要赶快打散，以防粘锅

❹ 炒锅中倒入3大勺油，下入蒜瓣、姜片、干红辣椒、豆豉爆香。

❺ 然后放入腌好的牛肉片，用大火翻炒至变色。

❻ 再放入苦瓜，大火翻炒2分钟，炒匀后即可盛出。

豆豉苦瓜炒牛肉怎么做才豉香浓郁？

苦瓜的苦味让很多人望而却步，将苦瓜在淡盐水中搓洗并浸泡10分钟，可以适当去除苦瓜的苦味，但又不至于完全去除，仍能保存苦瓜独特的口感。豆豉一定要小火炒香，牛肉才会入味。

初级

20分钟

4人

15

黑椒牛柳炒意面

材料： 牛里脊肉1块（约100g）、意大利面1把（约100g）、青椒1/4个、红椒1/4个、红洋葱1/4个、西兰花1小块

调料： 油2大勺、盐1小勺、黑胡椒粉2小勺、生抽1小勺、开水半碗

腌料： 料酒1大勺、盐1小勺、淀粉1小勺

制作方法

1 牛里脊肉洗净，逆纹切成柳条状，加入腌料，搅拌均匀，腌制30分钟。

2 锅内加水煮沸，下入意大利面，煮约8分钟后捞出、过凉、沥干，备用。

3 青椒、红椒切丝；红洋葱洗净，切丝；西兰花洗净，掰成小朵、焯水。

4 锅内倒入2大勺油，烧至七成热，放入牛柳，大火炒熟。

5 接着倒入青椒丝、红椒丝和洋葱丝，中火煸炒，然后倒入煮熟的意大利面。

6 加入盐、黑胡椒粉、生抽、开水，中火拌匀收汁后盛盘，将西兰花摆在盘边。

牛肉怎么做才酥烂嫩口？

将酱油、料酒、白糖、蛋液、干淀粉和少许小苏打用清水调成汁液，与切好的牛肉片拌匀，腌渍15分钟，然后加3大勺生抽浸渍1~2小时，烹饪时放1个山楂、1块陈皮或一点儿茶叶，羊肉片比较易烂。

45分钟　中级　1人

洋葱炒牛柳

材料：牛肉1块、姜1块、葱1段、蒜4瓣、洋葱1/3个、青椒半个

调料：油5大勺、老抽1小勺、盐1小勺、白糖1小勺、生抽1小勺、黑胡椒粉2小勺

腌料：料酒1大勺、蚝油1大勺、鸡蛋清1个、淀粉1大勺、小苏打1小勺

制作方法

❶ 牛肉洗净，逆着肉纹切成柳条状，放入碗中备用。

❷ 碗中加入腌料，用手抓匀，腌制10分钟，再倒入1大勺油，抓匀。

❸ 姜、葱、蒜均去皮、洗净，切末，备用。

❹ 洋葱去皮、洗净，切成0.8cm宽的条状；青椒洗净，切成0.8cm宽的条状。

❺ 锅中倒入4大勺油，下入牛柳，大火炒至肉色变白，加老抽，炒匀盛出。

❻ 锅中留底油，倒入姜末、葱末、蒜末，小火炒香。

❼ 接着将洋葱和青椒一起倒入锅中，转大火翻炒。

❽ 加入盐、白糖、生抽调味，拌炒均匀。

❾ 将牛柳倒入锅中，撒上黑胡椒粉，倒入2大勺清水，翻炒片刻出锅，即可食用。

> 牛肉为寒冬食补佳品，有补中益气、滋养脾胃、强健筋骨的功效；牛肉含有的锌、镁、钾等微量元素和优质蛋白，可以促进肌肉生长、增强肌肉力量，并提高免疫力。

🕐 30分钟　🍲 中级　🍵 2人

小炒牛肉

材料：牛肉1块、葱1段、蒜4瓣、姜1块、青蒜1根、杭椒10个、小红辣椒5个、香芹3根

调料：油4大勺、料酒1大勺、蚝油1大勺、生抽1小勺、辣酱1小勺、香油1小勺

腌料：鸡蛋清1份、白糖1小勺、盐1小勺、淀粉1小勺、料酒1大勺

⏱ 40分钟　🍲 中级　🍚 2人

小炒牛肉如何炒才会辣香入味？

炒辣椒时，用大火将辣椒煸透，至辣椒表皮发白后，辣椒的香味和辣味才会充分释放，这样炒出的牛肉才香辣入味；倒入蚝油之后，要尽量多炒一会儿，待蚝油的香味融入菜中，味道才更好。

制作方法

逆纹将牛肉纤维切断，会更易熟，口感更好

1 牛肉洗净，切成0.3cm厚的片状，再用刀背拍松。

2 然后加腌料，腌制20分钟，再加1大勺油抓匀。

3 葱、蒜、姜均洗净，切片；青蒜洗净，切成2cm长的段，备用。

4 杭椒、小红辣椒均洗净、去蒂，切成斜段；香芹洗净，切段，备用。

5 锅中倒入3大勺油，大火烧至六成热，下入牛肉片，倒入料酒，炒至变色后，盛出。

6 锅中留底油，小火爆香葱姜蒜，放入杭椒、小红辣椒、香芹，再放入蚝油调味。

7 放入炒好的牛肉片炒匀，加入生抽。

8 然后放入辣酱，转大火炒透，再放入青蒜段。

9 最后，淋入1小勺香油，即可盛出食用。

30分钟　中级　3人

水煮牛肉

材料：牛肉1块、蒜1个、姜1块、干红辣椒5个、香葱2根、圆生菜1个、莴笋1块、花椒粒1大勺

腌料：盐1小勺、生抽1小勺

调料：水淀粉3大勺、油7大勺、郫县豆瓣酱2大勺、高汤2碗、盐1小勺、白糖1小勺、生抽1小勺

水煮牛肉怎么做才能使肉片滑嫩不老？

首先，将牛肉洗净，用洋葱末使劲揉搓，可去牛肉的腥味；接着将牛肉逆纹切成薄片，加腌料腌制，再用热油浇淋、泡熟，这样牛肉就会滑嫩好吃了。

制作方法

逆纹切出的牛肉肉质紧密，炒过之后口感滑嫩

1 用刀剔除牛肉表面筋膜后，冲洗干净，逆着纹理切0.3cm厚的薄片，备用。

2 牛肉片中加入腌料和2大勺水淀粉抓匀，腌制15分钟，直至水淀粉被充分吸收。

3 蒜、姜去皮，切末；干红辣椒剪成圈状；香葱洗净，切末，备用。

4 圆生菜浸泡、洗净后，撕成片状；莴笋洗净，切成约2cm条状。

5 锅内加清水煮沸，先放入莴笋焯烫20秒，再下入圆生菜叶焯烫5秒，捞出、过凉、滗干水分，铺在大碗碗底。

6 锅烧热后加2大勺油，下入郫县豆瓣酱煸炒，中火炒出红油后，放入姜末、蒜末续炒。

7 倒入2碗高汤，加入盐、白糖、生抽，大火煮开，制成麻辣红汤。

8 将腌制好的牛肉一片一片地放入锅中，大火煮至牛肉片变色后，夹入大碗中。

9 用滤网过滤出汤中的残渣，将红汤重新烧热，倒入1大勺水淀粉，使红汤稍微浓稠。

热油激辣椒和花椒是关键

10 然后将红汤浇在牛肉片上，使牛肉泡在汤中。

11 炒锅用大火烧热，倒入5大勺油，烧至油面冒烟。

12 将干红辣椒圈、花椒粒、香葱末铺在牛肉上，倒入热油，即可享用。

辣酱焖牛肉

材料： 桂皮3片、干红辣椒10个、葱1段、姜1块、蒜3瓣、牛肉1块、八角2颗

调料： 油4大勺、郫县豆瓣酱2大勺、老干妈辣酱1大勺、蒜蓉辣酱1大勺、料酒2大勺、盐2小勺、白糖1小勺

制作方法

① 桂皮洗净；干红辣椒去蒂、洗净，备用。

② 葱、姜、蒜去皮、洗净，切片，备用。

③ 牛肉洗净，切成3cm见方的块，备用。

④ 将牛肉放入水中，浸泡出血水，多次换水，直至水清。

⑤ 将牛肉倒入冷水锅中，大火煮沸焯烫，去除血水和腥味后，捞出。

⑥ 锅中加油，中火烧热，加入郫县豆瓣酱，炒出红油后，再加入老干妈辣酱，炒匀。

⑦ 锅中放入葱姜蒜，加蒜蓉辣酱一起炒香；再加入牛肉。

⑧ 放入干红辣椒、八角和桂皮，然后倒入料酒。

⑨ 接着倒入适量清水，小火慢炖1小时20分钟，加盐、白糖调味，即可出锅。

牛肉的蛋白质含量高，但脂肪含量却很少，
常吃牛肉可以强壮身体，增长肌肉。
对于刚刚手术或者病后调养的人来说，
食用牛肉可以提高免疫力，加快身体恢复速度。

2小时15分钟　高级　3人

牛肉炒河粉

材料：牛里脊1块（约80g）、河粉1份（约200g）、绿豆芽1把、韭黄1小把、香葱2棵

调料：白糖1小勺、生抽1大勺、油2大勺、盐1小勺、老抽1小勺

制作方法

❶ 牛里脊横切成片，用水抓匀，再加糖、1大勺生抽拌匀，最后加1小勺油，腌30分钟。

❷ 用水把河粉泡发。

❸ 绿豆芽洗净、去根，备用；韭黄和香葱择好、洗净，切5cm左右段，备用。

❹ 将锅烧热至冒烟，放油，放入牛肉大火爆炒至略微变色。

❺ 倒入豆芽、韭黄和香葱略微翻炒，加盐。

❻ 放入河粉，加盐、生抽、老抽，大火快炒至河粉通体干爽即可。

什么样的干炒牛河才是最佳的？

干炒牛河以牛肉外焦里嫩，芽菜刚熟、内里汁液充盈，河粉遍体金黄、通身干爽、不黏不断为佳。要达到如此效果，则需大火快炒，颠锅急翻，方能保全色香味。牛肉腌渍时加糖不加盐，才能吸入水分，更加柔嫩。

20分钟　　中级　　2人

大酥牛肉

材料： 牛肋条肉2条、姜丝3大勺、葱丝3大勺、鸡蛋1个、姜4片、葱5段

调料： 料酒2大勺、蜂蜜1小勺、盐1.5小勺、干淀粉3小勺、油5大勺、白胡椒粉1小勺

制作方法

蜂蜜要用清水稀释，方便入味

① 牛肉放在凉水中浸泡约2个小时后，取出切成小块。

② 将切成小块的牛肉放入清水中，充分搓洗，洗净牛肉中的血水。

③ 将滗干血水后的牛肉放入大碗中，加入姜丝、葱丝、料酒、蜂蜜和1小勺盐，搅拌均匀。

用筷子拨散牛肉可避免牛肉粘结

④ 将鸡蛋打入腌着牛肉的大碗中，加干淀粉后再搅拌均匀挂糊。

⑤ 炒锅中倒入油，烧热后将牛肉缓慢放入锅中，一边炸一边用筷子拨散。

⑥ 牛肉炸至金黄色时，捞出放入碗中备用。

开盖后和加入调料后都要用筷子搅拌，防止粘锅

⑦ 往高压锅中倒入1碗清水，放入炸好的牛肉。

⑧ 然后放入姜片、葱段，盖上锅盖压上阀，压40分钟。

⑨ 开盖排气后，加入白胡椒粉和其余盐，盛出用大火烧开，即可装盘。

牛肉富含蛋白质、维生素B$_6$以及铁、钾、锌、镁等多种微量元素，能有效提高机体免疫力，调节人体新陈代谢。常吃牛肉可以补充人体所需的各种营养元素，特别适宜病后调养的人。

⊙ 1小时　🍴 高级　🥘 4人

咖喱牛肉

材料：牛肉2块、土豆2个、胡萝卜1根、洋葱1个、青豆1大勺、干红辣椒8个

调料：油5大勺、椰奶1盒、咖喱2块、盐1小勺

制作方法

❶ 牛肉洗净，切成小块，备用。

❷ 土豆去皮、洗净，切成小块；胡萝卜去皮、洗净，切成小块，备用。

❸ 洋葱洗净，切成丝；青豆洗净、焯熟，备用。

❹ 炒锅中加入3大勺油，烧热后放入牛肉块，翻炒至变色后盛出。

❺ 再放2大勺油烧热，先倒入洋葱，煸炒出香味。

❻ 然后再倒入土豆和胡萝卜，一起翻炒均匀。

咖喱块融化后就要不停搅拌，避免煳锅

❼ 将炒过的牛肉倒入锅内，加入2碗清水，大火煮开。

❽ 放入椰奶、咖喱块、干红辣椒及盐，小火继续焖煮30分钟。

❾ 煮至汤汁呈黏稠的状态时，撒入青豆拌匀，关火盛出即可。

咖喱中含有姜黄粉、川花椒、胡椒、桂皮、八角、丁香等具辣味的香料，能增进胃肠蠕动，促进血液循环。咖喱还具有提神醒脑的功效，能有效缓解疲劳乏力等症状，使人的精神状态保持良好。

1小时　初级　4人

竹笋烧牛肉

材料：牛肉2块、竹笋1根、姜5片、蒜4瓣、香菜段1大勺

调料：料酒2大勺、生抽2大勺、油5大勺、盐1小勺

30分钟　　初级　　4人

竹笋烧牛肉怎样做才鲜美不涩？

竹笋一定要去除老皮，不然难以咀嚼，影响口感。竹笋在炒之前要先在开水中焯一下，去除笋中的草酸，让口感更加鲜美，不苦涩。焖煮时用小火，让牛肉和竹笋的味道慢慢融合，收汁要快，以防牛肉变老。

制作方法

开水焯一下可去除笋中的草酸

1
牛肉洗净、切成小块，在清水中充分搓洗，滗干血水后捞出。

2
牛肉块中加入料酒、生抽，腌制15分钟。

3
竹笋用刀削去外边的老皮，洗净，切成小块后，在开水中焯一下。

大火煸炒有助于锁住牛肉的香味

4
炒锅中倒入油，烧热后放入姜片、蒜瓣爆香。

5
放入腌制好的牛肉块，大火煸炒2分钟。

6
往锅中倒入2碗开水，大火烧开。

7
放入切好的竹笋，加盐，搅拌均匀。

8
盖上锅盖，转小火焖10-15分钟，待竹笋熟透。

9
掀开锅盖，转大火收汁后，撒入香菜段，关火盛出即可。

白萝卜焖牛腩

材料： 白萝卜1根、牛腩2块、姜8片、蒜6瓣、葱5段、八角3颗、桂皮半块、香叶3片、花椒1小勺、香葱花适量

调料： 油5大勺、柱候酱2大勺、生抽3大勺、老抽1大勺、料酒2大勺、白糖2小勺

制作方法

滚刀状更容易入味

1 白萝卜洗净、去皮，切成滚刀状，在开水中煮5-6分钟捞出。

2 牛腩洗净，切块，放入清水中搓洗，去除血水。

3 将洗净后的牛腩块放入开水中焯烫至变色后，捞出备用。

4 炒锅中倒油，烧热后放入姜片、蒜瓣、葱段、八角、桂皮、香叶、花椒爆香。

5 放入焯好的牛腩以及2大勺柱候酱，翻炒至牛腩均匀上色。

6 加入清水，以没过牛腩1cm为宜。

"较烂"指牛腩可用筷子轻松插入

7 再加入生抽、老抽、料酒、白糖，大火烧开后，加盖转小火慢焖1小时左右。

8 牛腩煮至较烂时，加入在开水中煮过的白萝卜。

9 继续加盖，用小火焖10分钟左右，然后撒上少许香葱花，即可关火盛出。

白萝卜富含蛋白质、钙、磷、铁及各种维生素、酶等，其中所含有的淀粉酶可有效分解食物中的脂肪及淀粉，促进营养物质的吸收。

另外，白萝卜还具有清热生津、止咳化痰的功效。

🕐 1小时30分钟　🍲 高级　🍜 4人

土豆牛肉

材料：牛肉1块、蒜3瓣、姜1块、洋葱半个、土豆1个

腌料：盐1小勺、白胡椒粉1小勺、料酒1大勺

调料：白糖1小勺、生抽1大勺、老抽0.5大勺，甜面酱、水淀粉各1大勺

制作方法

① 牛肉洗净后平放在砧板上，用刀背敲打2分钟，使牛肉纤维松散。

② 然后逆着牛肉纹理切成3cm见方的小块，放入盆中，备用。

③ 牛肉块中加入姜片、蒜片和腌料，腌制30分钟，使牛肉充分入味。

④ 蒜、姜、洋葱均洗净，切片；土豆洗净、去皮，切块。

⑤ 腌好的牛肉块焯水，撇去浮沫后捞出。

⑥ 锅内换水，放入牛肉块、葱姜片，炖煮1个半小时，加入白糖、生抽、老抽和甜面酱。

⑦ 再将土豆块、洋葱片倒入锅中同煮30分钟。

⑧ 然后转大火收汁，倒入水淀粉勾芡，并不断搅动。

⑨ 等锅中汤汁还剩下牛肉块的1/4时，关火盛出即可。

土豆的蛋白质质量比大豆还好，最接近动物蛋白，适于人体吸收。
土豆也是富含锌、铁等多种微量元素的食物，
其所含的维生素C，是苹果的10倍。

🍽 中级　🕐 2小时40分钟　😊 2人

負けないヒトのための賢い食べ方。
レシピとともに、ご用意できました。

酸汤肥牛

材料： 肥牛片1碗、金针菇1份（100克）、绿豆芽1份（100克）、泡野山椒10个、姜1块、蒜2瓣、青红小辣椒各2个

调料： 油3大勺、黄灯笼辣椒酱1小勺、黄酒1大勺、高汤1碗、盐2小勺、胡椒粉2小勺、白醋2大勺

腌料： 盐1小勺、白胡椒粉0.5小勺、黄酒1大勺

🕐 30分钟　🍳 中级　🍜 3人

酸汤肥牛怎么做才酸香过瘾？

酸汤肥牛中的酸汤，一定要用黄灯笼辣椒酱来烹调才正宗。若是偏爱酸辣，可以添加泡野山椒和白醋。黄色的泡野山椒酸辣开胃，味道层次分明，而偏绿色的泡野山椒偏咸，做出来的酸汤不但酸味不够，而且会太咸。

制作方法

1 肥牛片加腌料拌匀，腌制15分钟，使牛肉充分入味。

2 金针菇去根、洗净；绿豆芽洗净；泡野山椒切碎；姜、蒜切末；青、红小辣椒切圈。

3 锅中加水、煮沸，放入金针菇、绿豆芽烫熟，捞出、滗干水分，铺入大碗碗底。

4 净锅，重新加入清水、烧开，倒入肥牛片，烫至变色后，捞出，铺在碗底的菜上。

根据个人口味酌量添加辣椒酱

5 炒锅加油，先下姜、蒜末，中火炒香，再加入泡野山椒和黄灯笼辣椒酱爆香。

6 沿锅边淋入黄酒，再倒入高汤，大火煮开，煮至汤汁飘香后，将辣椒渣全部捞出。

7 然后加盐、胡椒粉和白醋，调成酸辣汤，将酸辣汤同样倒入盛有肥牛的大碗中。

8 锅中加入1大勺油，中火烧至七成热，关火，放入青、红小辣椒爆香。

9 最后，将热油浇在肥牛片上，酸香辣口的肥牛就可以上桌啦。

卤牛腩

材料：牛腩1大块、葱1段、姜1块、蒜3瓣

香辛料：桂皮1块、八角2颗、香叶6片、豆蔻2颗、花椒1小勺

调料：油2大勺、料酒3大勺、生抽2大勺、老抽1大勺、冰糖1大勺、盐1小勺、香油1小勺

制作方法

1 剔除牛腩筋膜，用牙签戳出小孔，方便入味，再放入冷水中，大火加热，去除血水后，洗净、滗干。

2 葱洗净，切段；姜洗净，切片；蒜去皮，拍扁；桂皮洗净，掰成小片。

3 锅中加油，下入葱段、姜片、蒜瓣爆香。

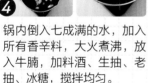

4 锅内倒入七成满的水，加入所有香辛料，大火煮沸，放入牛腩，加料酒、生抽、老抽、冰糖，搅拌均匀。

5 转成小火，加盖煮2小时，再加盐调味，搅拌均匀，改大火煮至沸腾后关火。

6 将牛腩浸泡在汤汁中30分钟，使其充分入味，切成大块，淋上香油即可。

牛肉怎么煮才能酥烂鲜嫩？

烧煮牛肉前，先用刀背将牛肉拍松，使肉质软烂；焯烫牛肉时，要将其放入冷水，慢慢加热，才能去除腥气；烧煮牛肉时，放入冰糖，可使牛肉风味更佳。

🕐 3小时　🍲 中级　🥢 2人

香卤牛蹄筋

材料：牛蹄筋3条、姜1块、红辣椒3个、蒜2瓣、香菜1根、清水4碗

香辛料：花椒1小勺、八角3颗、香叶3片、桂皮1块

调料：料酒1大勺、五香卤汁6碗、醋2大勺、白糖2小勺、生抽1大勺

制作方法

1 牛蹄筋洗净，切成5cm的段；姜洗净，切片；红辣椒洗净，切碎；蒜拍扁，切末；香菜洗净，切末。

2 锅中放入花椒、姜片，倒入4碗清水，加入牛蹄筋，淋入1大勺料酒，用大火炖煮。

3 大火煮沸后，再煮5分钟，去除腥味后，捞出；将焯烫过的牛蹄筋、八角、香叶、桂皮一起放入高压锅。

4 倒入五香卤汁，使卤汁没过牛蹄筋，盖上锅盖；将高压锅定时，焖煮、卤制60分钟。

5 卤制完成后，排气、打开高压锅盖，让牛蹄筋在锅内自然放凉，使卤汁充分渗入牛蹄筋，然后捞出、切片。

6 将红辣椒碎、蒜末、牛蹄筋片一起放入大碗中，加醋、白糖、生抽，搅拌均匀，撒上香菜末即可。

牛蹄筋怎么卤才能软韧香醇？

牛蹄筋硬韧，焯烫时间不要太长，焯烫后再次煮，能加速蹄筋成熟，再放入山楂，小火慢炖，可使口感更软韧香醇。

1小时20分钟　中级　2人

牛肚富含蛋白质、脂肪、磷铁钙等，具有补气养血、补虚益精之功效，适宜于病后虚羸、气血不足、脾胃薄弱之人；猪骨富含蛋白质、维生素、磷酸钙、骨胶原、骨黏蛋白等，可补脾气、润肠胃，增强骨髓造血功能。

🕐 2小时15分钟　　👨‍🍳 中级　　🍲 2人

卤金钱肚

材料： 红辣椒10个、香菜2根、芹菜1根、葱1根、姜1块、蒜5瓣、鸡架骨1副、猪骨1根、牛肚1斤

香辛料： 八角2颗、桂皮2块、沙姜1块、丁香1小勺、陈皮1大勺、芫荽籽0.5大勺、茴香1小勺、草果2个、甘草1大勺

调料： 生抽6大勺、老抽2大勺、冰糖1大勺、红糖2大勺、鱼露5大勺、盐1大勺、香油2小勺、玫瑰露酒4大勺

制作方法

① 红辣椒洗净，切成辣椒段；香菜、芹菜均洗净，切段。

② 葱洗净，切段；姜洗净，切片；蒜拍扁、去皮，切末，备用。

③ 将鸡架骨、猪骨洗净，小火煮1个半小时，煮成香浓骨汤。

④ 加生抽、老抽、冰糖、红糖、鱼露，使汤上色，加盐调味。

⑤ 接着放入红辣椒段、1/3姜片和所有香辛料，大火煮沸，倒入香油，即成卤汁，盛出。

⑥ 牛肚去除油膜、洗净，备用。

⑦ 再摆上1/3姜片、1/2葱段，淋入2大勺玫瑰露酒，放入蒸笼，大火蒸25分钟后取出。

⑧ 将蒸好的肚片放入煮锅中，倒入1碗卤水。

⑨ 再倒入4碗清水，搅拌均匀。

⑩ 接着放入香菜、葱段、姜片和芹菜段。

⑪ 然后加盐调味，搅拌均匀。

⑫ 再淋入其余玫瑰露酒，中火煮10分钟，捞出、切条即可。

胡萝卜烧牛尾

材料：胡萝卜1根、芹菜1棵、牛尾2斤、葱10片、姜10片、香叶2片、八角2颗、开水3碗、香菜末1大勺

调料：料酒2大勺、油4大勺、老抽1大勺、盐2小勺、白胡椒粉1小勺

制作方法

1 胡萝卜去皮，纵向切开，再切成4cm见方的滚刀块；芹菜洗净、去筋，切成4cm长的斜段。

2 牛尾剁成段状，用清水浸泡3小时，期间换3-4次水，泡出血水。

3 接着放入冷水中，加1大勺料酒和一半葱姜片，大火加热，撇沫、捞出、洗净。

4 锅中加2大勺油，先放入胡萝卜块，中火煸炒2分钟，盛出，备用。

5 另加2大勺油，放入牛尾，转小火，煎至颜色微黄。

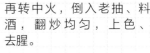

6 再转中火，倒入老抽、料酒，翻炒均匀，上色、去腥。

7 将牛尾放入高压锅中，加香叶、八角、开水和其余葱姜片，加盖焖30分钟后，排气。

8 然后放入芹菜和炒过的胡萝卜，加盐、白胡椒粉，加盖再焖20分钟。

9 焖好后盛出，撒上香菜末，即可享用。

牛尾含有蛋白质、维生素等营养成分，既有补中益气的功效，又有填精补髓的功能；胡萝卜含有植物纤维，吸水性强，可增大肠内食物体积，加强肠道的蠕动，促进排便。二者同食有益气血、强筋骨、补体虚、促排毒等作用。

① 1小时　　高级　　1人

47

南瓜炖牛肉

材料：紫洋葱半个、南瓜1块、蒜5瓣、香葱1根、牛肉1块

调料：油2大勺、开水6碗、白糖1小勺、盐1大勺、鲜奶油2大勺

制作方法

❶ 紫洋葱去皮、洗净，切成细末；南瓜去皮、去籽，切块，备用。

❷ 蒜拍扁、去皮，切末；香葱洗净，切成葱花，备用。

❸ 牛肉切成3cm见方的块状、洗净，放入冷水，大火加热、焯烫，捞出、沥干。

❹ 锅中倒入2大勺油，放入洋葱末、蒜末，小火炒至边缘微焦，香味飘出。

❺ 再放入牛肉块，转大火，翻炒至牛肉表面变白。

❻ 接着倒入开水，大火煮沸后，转小火，续煮30分钟。

❼ 然后放入南瓜，加白糖、盐调味，并翻炒均匀。

❽ 盖上锅盖，以小火继续煮10分钟，直至汤汁浓稠，再加入鲜奶油，搅拌均匀。

❾ 最后，撒上葱花，即可享用。

牛肉是肉类营养之王，是增长肌肉的主力军，
对增长肌肉、增强力量有特别的功效；
牛肉还含有各种维生素，
有助于提高抵抗力，促进新陈代谢，有利于身体的恢复。

🕐 50分钟 🍴 中级 🍜 3人

杏鲍菇烧牛肉

材料： 牛肉1块、杏鲍菇2根、胡萝卜1根、姜5片、干红辣椒4个、八角3颗、桂皮1块、草果1个、山奈1片、花椒1小勺、蒜末1大勺、葱白5小段

调料： 油6大勺、料酒2大勺、白糖2小勺、老抽1大勺、盐1小勺

🕐 2小时　🍲 高级　🍜 4人

杏鲍菇烧牛肉怎么做才更浓香？

杏鲍菇切成滚刀块就会有几个截面，能更好吸收汤汁，吃起来味道尤其浓厚。牛肉盛出后要将锅洗净，让杏鲍菇和胡萝卜炒得更清香。最后大火收汁让牛肉全方位包裹在浓浓的汤汁中，味香浓郁。

制作方法

杏鲍菇切成滚刀块更能吸收汤汁的香味

1 牛肉洗净、切成小块后，放入清水中充分清洗，滗干血水后捞出，备用。

2 杏鲍菇洗净，切成滚刀块；胡萝卜去皮、洗净，切块，备用。

水以没过牛肉为宜

3 锅内放入油，烧热后放姜片和干红辣椒炒香，然后放入牛肉，大火翻炒均匀后淋入料酒，翻炒2分钟。

4 加入八角、桂皮、草果、山奈、花椒等香料。

5 加入白糖和老抽翻炒均匀后，倒入清水，大火烧开后，改小火炖1个半小时。

6 待牛肉的汤汁快要收干时，关火将牛肉盛出。

洗锅可防止串味和粘锅

7 将锅洗净，倒入油，烧热后放入蒜末炒香，再放入杏鲍菇、胡萝卜和葱白。

8 加盐翻炒约1分钟后，倒入烧好的牛肉和半碗开水，小火焖10分钟。

9 待汤汁渐干时，转大火翻炒收汁，即可盛盘。

西红柿黄焖牛肉

材料：牛肉1块、西红柿2个、八角3颗、姜6片、葱5段

调料：油4大勺、盐1小勺、高汤1碗、料酒2大勺、生抽5大勺、白糖3大勺、水淀粉2大勺、花椒油1大勺

制作方法

能用筷子扎透肉块即可捞出

① 牛肉洗净，放入锅中，加入清水，大火煮沸焯烫。

② 牛肉捞出后，放入盘中晾凉，依个人喜好切成片状或块状。

③ 西红柿洗净，在煮牛肉的开水中直接烫一下，然后剥皮去蒂，切块备用。

④ 锅内放入油，油微热后放入八角炸香，再放入姜、葱。

⑤ 爆香后加入盐、高汤、料酒、生抽，搅匀后放入切好的牛肉。

⑥ 大火煮开后，中火再煮5分钟，然后放入西红柿、白糖。

⑦ 加盖焖3分钟，让牛肉充分吸收汤汁的滋味。

⑧ 然后倒入水淀粉勾芡，使汤汁变得更加浓稠。

⑨ 最后转大火，淋入花椒油，煮1分钟后收汁，关火即可。

西红柿含多种维生素，其特有的番茄红素是一种很强的抗氧化剂，可以有效延缓衰老。牛肉富含蛋白质、氨基酸等多种营养物质，其中的肌氨酸对肌肉的增长特别有效，是强健筋骨的理想食材。

40分钟　中级　4人

砂锅酸菜牛肉

材料： 牛肉1块、鸡蛋1个、酸菜1棵、葱1根、姜1块、干红辣椒5个、花椒1小勺、八角5颗、骨汤6碗、冻豆腐1把

调料： 淀粉1大勺、盐2小勺、油4大勺、胡椒粉1.5小勺、白糖1.5小勺、香油2小勺

制作方法

1 牛肉洗净，切成薄片，放入碗中。

2 再撒入淀粉和1小勺盐，打入鸡蛋，用手抓匀，腌制20分钟。

3 酸菜洗净，切片；葱去皮、去根，切段；姜去皮，切片。

4 锅中加2大勺油，烧至五成热时，中火爆香葱段、姜片。

5 接着放入干红辣椒、花椒、八角，煸炒出香味。

6 然后放入酸菜片，用中火炒香，炒至酸菜油亮。

7 往锅中倒入骨汤，大火煮沸。

8 然后放入牛肉片，搅散，转成小火，慢炖30分钟，至牛肉熟烂。

9 再加冻豆腐、胡椒粉、白糖和其余盐调味，淋入香油，大火煮沸即可。

酸菜中有丰富的活性乳酸菌，可抑制肠道腐败菌的生长，减弱腐败菌在肠道的产毒作用，并有帮助消化、降低胆固醇等作用；
牛肉中的肌氨酸含量比其他任何食物都高，对增长肌肉、增强力量特别有效。

🕐 1小时20分钟　🍲 中级　🍜 2人

风味酱牛肉

材料： 牛腱肉1块、葱1根、姜1块、香菜1根、干红辣椒2大勺

香辛料： 花椒1小勺、桂皮2块、香叶2片、八角2颗、肉蔻2根、荜拨5根、白蔻3粒、小茴香1小勺、山奈2片、罗汉果1个、草果2个、丁香1小勺

调料： 料酒2大勺、酱油4大勺、黄酱1/3袋（约50g）、黄酒2大勺、鱼露5大勺、冰糖1大勺、老抽2大勺、生抽2大勺、盐3小勺

制作方法

1 牛腱肉用水冲洗干净，去除表面污物。

2 放入冷水中，大火煮沸后，撇去浮沫，直至血水除净，捞出牛腱肉，备用。

3 葱洗净，切成3cm长的斜段；姜洗净，切片；香菜洗净，切段；干红辣椒洗净。

4 将所有香辛料用纱布包裹，做成香料袋。

5 将牛腱肉放入砂锅中，加入足量开水，完全没过肉块，放入香料袋。

6 再加入葱段、姜片、香菜段、干红辣椒和除盐以外的所有调料，搅拌均匀。

7 盖上锅盖，开大火煮沸后，转小火炖约2小时。

8 然后打开锅盖，撒入盐，再改大火继续炖15分钟，使牛肉充分入味。

9 最后，将牛肉在原汤中浸泡一夜，捞出，切片，即可食用。

寒冬吃牛肉，有暖胃作用，为寒冬食补佳品。
牛肉有补中益气、滋养脾胃、强健筋骨的功效。
牛肉含有的锌、镁、钾等微量元素和优质蛋白，
可以影响肌肉生长，增强肌肉力量，提高免疫力。

2小时30分钟   中级   3人

红酒牛排

材料： 西兰花1/3棵、胡萝卜1/3个、口蘑2个、牛眼肉1块（约200g）、圣女果3个

调料： 黄油1大勺、红酒半碗、海盐1小勺、黑胡椒碎1小勺

制作方法

1 西兰花洗净，掰成小朵；胡萝卜削成橄榄形；口蘑洗净，切块，三者均烫熟，摆入盘中。

2 牛眼肉排洗净，切成2cm厚的牛排；用餐叉在牛排两面扎孔。

3 煎锅烧热，放入黄油，烧至黄油融化后，大火加热煎锅，放入牛排。

一般每30秒为一成熟，煎好的牛排约七成熟

4 将牛排单面大火煎至变色，同样煎制另一面，然后转中火，两面各续煎2分钟。

5 煎肉其间，分次倒入红酒，撒入磨碎的海盐，煎好后盛入蔬菜盘中。

6 再撒上黑胡椒碎，将锅中所剩红酒汁淋在牛排和蔬菜上，摆上佐餐的圣女果即可。

牛排怎么煎才能香浓鲜美？

煎制时应把握好火候，用大火烧热煎锅，将牛肉表面迅速加热，锁住水分，并每隔15-20秒将牛排翻一次面，可使牛排外表保持焦脆，内里鲜美多汁。

20分钟　初级　1人

焗烤牛排

材料： 牛里脊肉1块、紫洋葱半个、口蘑4个、土豆半个、胡萝卜半根、西兰花半个

调料： 盐1小勺、黄油1大勺、红酒1大勺、洋葱蘑菇酱汁2大勺、高汤2大勺、
马苏里拉奶酪4大勺

40分钟　中级　1人

焗烤牛排怎么做才鲜嫩松软？

焗烤用的奶酪需要选用马苏里拉奶酪，如此才能做出焗的风味；肉放进烤箱前，先用开水浸泡，可使烤出的肉松软；另外，将盛有水的烤箱专用容器放入烤箱，蒸发出的水蒸气，可使烤出的肉不焦黑发硬。

制作方法

1 牛肉洗净、去筋膜，切成1.5cm厚的片状。

2 然后在牛肉表面抹盐，涂抹均匀，备用。

3 洋葱、口蘑均洗净，切块；土豆、胡萝卜均洗净、去皮，切块；西兰花切成小朵，备用。

五成熟的牛肉中心为粉红色，表面焦黄

4 煎锅加热，放入黄油，小火加热至融化，接着放入牛排，小火煎至五成熟。

5 再倒入红酒，转大火，煎至牛肉充分吸收红酒后，盛出。

6 将洋葱、口蘑、土豆、胡萝卜和西兰花铺入盘中，摆上牛排，备用。

7 煎锅中倒入洋葱蘑菇酱汁和高汤，中火煮沸，淋在牛排上。

8 然后再均匀地撒上马苏里拉奶酪，准备烤制。

9 预热烤箱至180℃，将烤盘放入烤箱，烤15分钟，至牛排色泽金黄，即可享用。

香辣牛肉干

材料： 牛肉1块、热水2大勺、白芝麻2大勺

调料： 生抽2小勺、老抽2小勺、盐1小勺、蚝油1小勺、白糖4小勺、咖喱粉0.5小勺、辣椒粉1小勺、花椒粉1/4小勺、五香粉1/4小勺

香辛料： 香叶5片、八角4颗、桂皮1块、小茴香1小勺、葱4片、姜4片、生抽1大勺、老抽1小勺、盐1小勺

制作方法

1 牛肉浸泡、洗净、去筋膜，逆纹理切成厚片，焯烫变色后，捞出、洗净、滗干。

2 煮锅中加入5碗清水，放入所有香辛料，大火煮沸后，转小火煮20分钟。

3 然后，放入牛肉，大火煮沸，加盖焖煮1个小时；待水分略收干时，捞出，切成长条。

4 加入所有调料，倒入2大勺热水搅拌均匀，放入牛肉条浸泡10分钟。

5 将牛肉条滗干，放入锡纸烤盘中，180℃下烤15分钟，将牛肉条翻面，再烤20分钟。

6 然后撒上白芝麻，将烤好的牛肉干放于干燥处晾干即可。

牛肉干怎么做才能香浓入味？

牛肉要浸泡4小时，浸泡出血水，并撕去牛肉的筋膜，煮制时，加入葱、姜、八角和香叶，可以有效去除牛肉的腥膻味，这样烤出的牛肉干口感才好。

🕐 1小时45分钟　🍳 中级　🍚 2人

党参牛肉汤

材料：胡萝卜半根、党参1根、当归2片、干红枣5颗、牛肉1块、葱白1段、姜1块、香葱1根、白萝卜1块、枸杞1大勺、清水4碗

调料：料酒1大勺、盐1小勺、白糖1小勺、胡椒粉0.5小勺

2小时30分钟　中级　4人

党参牛肉汤怎么做才美味有营养？

牛肉略腥，要预先放入冷水中加热，使血水和腥味浮出，若是直接放入开水中焯烫，反而不容易将腥味去除干净；胡萝卜中的胡萝卜素是脂溶性营养素，与牛肉中的动物性油脂结合，更容易被人体吸收。

制作方法

1 党参、当归、干红枣浸泡1小时，洗净，备用。

2 牛肉洗净、滗干，切成2cm见方的小块。

3 葱白洗净，切段；姜洗净，切片；香葱洗净，切成葱花，备用。

4 白萝卜和胡萝卜均去皮、洗净，切成滚刀块，备用。

5 锅中加水和料酒，放入牛肉块焯水、捞出、滗干水分。

6 将处理好的牛肉块、党参、当归、干红枣、姜放入砂锅中。

7 倒入清水，放入葱段、姜片，小火炖1个小时。

8 然后加入枸杞、白萝卜、胡萝卜，转中火煮10分钟。

9 最后，加入盐、白糖、胡椒粉调味，撒上葱花，盛出即可。

西湖牛肉羹

材料：香葱1根、香菜2根、牛肉1块、鸡蛋2个

调料：油3大勺、料酒2大勺、高汤1碗、盐1小勺、白胡椒粉1小勺、香油1小勺、水淀粉3大勺

制作方法

焯烫可去除牛肉粒中的血沫

① 香葱、香菜分别去根、洗净，切成碎末，备用。

② 牛肉洗净、切成小块后，再用刀剁成粒。

③ 将牛肉粒放入煮开的水中焯烫，关火后滤出牛肉粒，置于凉水中清洗一下。

④ 鸡蛋磕破，滤出蛋清，放入碗中搅散，备用。

⑤ 炒锅中加入油，待烧热后，放入牛肉粒炒熟。

⑥ 倒入料酒、高汤、盐、白胡椒粉和香油，中火烧至微微沸腾。

搅拌可使汤羹受热均匀，不粘锅

⑦ 用汤勺慢慢搅拌，同时缓缓倒入水淀粉，以使汤水变得黏稠。

⑧ 待汤再次沸腾后关火，慢慢倒入蛋清，并快速搅拌，令其形成蛋花。

⑨ 最后，再开中火煮至沸腾，转小火撒入香葱花、香菜末，焖煮5分钟即可。

鸡蛋清性微寒，有清热解毒、润肺利咽的功效。鸡蛋清中还含有丰富的蛋白质、少量醋酸，以及人体所需要的多种氨基酸，可以使皮肤润滑，保持皮肤的微酸性，让皮肤健康而有光泽。

30分钟　初级　4人

67

浓香牛肉酱

材料：牛肉馅半碗、姜末1小勺、洋葱1/4个、胡萝卜1/3根、西芹1根、蒜末1小勺、百里香碎1小勺、香叶碎1小勺

调料：料酒1小勺、油2大勺、番茄酱3大勺、红酒4大勺、盐1小勺、黑胡椒粉2小勺

制作方法

腌制可去除腥味

❶ 牛肉馅中放入料酒、姜末，腌制20分钟。

❷ 洋葱去皮、洗净，切成碎粒，备用。

❸ 胡萝卜去皮、洗净，切成碎粒，备用。

❹ 西芹洗净，切成碎粒，备用。

❺ 锅中放入油，烧热后放入腌制好的牛肉馅炒散，盛出。

❻ 加入洋葱碎、蒜末、百里香碎、香叶碎，炒出香味。

❼ 再加入胡萝卜碎和西芹碎以及番茄酱，拌炒均匀，然后加入炒散的牛肉馅。

❽ 倒入红酒，大火烧开后，转小火煮至肉烂。

❾ 最后，加盐和黑胡椒粉搅拌均匀，转大火收汁即可。

> 牛肉酱味香浓郁，能让人胃口大开，有增强食欲的良好功效。牛肉味道鲜美、营养丰富，搭配多种蔬菜辅料，能充分补充并均衡人体所需各种营养成分。同时，牛肉酱也是与面食搭配的极好的佐料。

40分钟 初级 4人

西红柿牛腩饭

材料： 牛腩1块、土豆1个、西红柿1个、洋葱半个、姜1块、葱白1段、蒜3瓣、干红辣椒3个、
八角2颗、白米饭1碗、开水2碗

调料： 料酒2大勺、油2大勺、番茄沙司1.5大勺、生抽1大勺、盐0.5小勺、白糖2小勺

🕐1小时10分钟　🍚高级　🍜2人

70

牛肉怎么处理才好吃又软烂不腥？

切牛肉时一定要逆着肉纹切，将其筋腱切断，这样牛肉才会软烂；焯水时用冷水，以便除去血腥、脏物，炖煮牛肉时一定要用热水，因为热胀冷缩，若用冷水激牛肉，会使肉表面毛孔紧缩，腥气无法挥发。

制作方法

1 牛腩洗净，逆纹切成3cm宽的牛肉块。

2 锅中加清水，放入牛肉块，倒入料酒，煮40分钟，捞出、滗干。

3 土豆去皮、洗净，切成块状，备用。

4 西红柿焯水、去皮，切成小丁；洋葱去皮，切成碎末，备用。

5 姜洗净，切片；葱白洗净，切段；蒜去皮，切片；干红辣椒切成小段，备用。

6 炒锅中加2大勺油，下入葱段、姜片、蒜片、洋葱末、八角、干红辣椒段，中火爆香。

7 炒香后，倒入土豆块、西红柿翻炒，再放入牛肉块，倒入2碗开水，炖20分钟。

8 接着倒入米饭，将所有食材拌炒均匀。

9 最后，加入番茄沙司、生抽、盐、白糖调味，并翻炒均匀，待汤汁收干，盛出即可。

酸菜牛肉面

材料：酸菜1碗、腌姜3块、蒜5瓣、泡野山椒0.5大勺、牛肉1块、手擀面1把、油菜5根

调料：油2大勺、冰糖1大勺、料酒1大勺、醋2大勺、胡椒粉1小勺、开水4碗、猪油3大勺、盐2小勺、白糖1小勺

香辛料：花椒1小勺、八角2颗、丁香1大勺、香叶3片、桂皮1块

制作方法

1 酸菜洗净，切成2cm长的片；腌姜切片；蒜拍扁，切末；泡野山椒切末。

2 牛肉洗净、去除筋膜，切成约3cm见方的块。

3 炒锅中加2大勺油，放入冰糖，中小火炒至冰糖融化。

4 然后下入牛肉块，转中火翻炒几下，使其裹上糖色。

5 加入料酒、醋、胡椒粉，倒开水没过牛肉块，放入香辛料大火煮开。

6 将步骤5的食材倒入砂锅，加盖，小火焖煮1小时后，关火，做成牛肉汤。

若水不够，就加开水，使汤汁没过牛肉

7 炒锅中加猪油，中火烧热，放入腌姜片、蒜末、泡野山椒末，炒香。

8 放酸菜，中火炒2分钟，再倒入牛肉汤，加盐、白糖，大火煮沸。

9 换锅加水煮沸，下面条煮2分钟后盛出，再下油菜焯熟后捞出，撒上香菜，浇上酸菜牛肉汤即可。

酸菜富含维生素C、氨基酸、有机酸、
膳食纤维等营养物质，
另外酸菜浸泡过程中能够产生天然的植物酵素，
有保持胃肠道正常生理功能的功效。

1小时　　高级　　2人

滑蛋牛肉饭

材料： 鸡蛋2个、牛肉1块、秀珍菇10根、胡萝卜1/3根、土豆半个、葱白1段、姜1块、白米饭1大碗

调料： 干淀粉2小勺、油3大勺、清水1碗、盐1小勺、白糖1小勺、白胡椒粉1小勺、生抽1小勺、水淀粉2大勺、香油1小勺

30分钟　　中级　　2人

74

滑蛋牛肉怎么做才肉香嫩滑？

做滑蛋牛肉，首先，牛肉需要提前腌制入味，用蛋清和淀粉将牛肉的汁更好地包裹住；其次，蛋液最后倒入牛肉中，不能用猛火来炒，加盖焖或者小火炒，让蛋液不完全凝固，才能做出最嫩滑的滑蛋牛肉。

制作方法

❶ 取鸡蛋1个，磕破蛋壳后，滤出蛋清，备用。

❷ 牛肉洗净，切丝，加入蛋清和2小勺干淀粉腌制，备用。

❸ 秀珍菇洗净，切片；胡萝卜去皮、洗净，切菱形片；土豆去皮、洗净，切菱形片。

❹ 将剩余鸡蛋打散成蛋液；葱白洗净，切末；姜洗净，切末，备用。

❺ 炒锅中加2大勺油，倒入腌好的牛肉丝划散，炒熟后捞出，备用。

❻ 锅中加1大勺油，中火烧热，爆香葱姜，再放入胡萝卜、土豆、秀珍菇，炒出香味。

❼ 接着倒入清水，用大火煮沸后，转小火将食材煮熟。

❽ 放入牛肉丝，加盐、白糖、白胡椒粉、生抽调味，再倒入水淀粉勾芡后，淋上香油。

蛋液烩至八成熟就好

❾ 接着倒入蛋液，加盖焖1分钟后，即可关火、起锅，将做好的滑蛋牛肉淋在米饭上即可。

西红柿牛肉面

材料： 西红柿2个、小白菜1棵、牛肉1块（约50g）、葱1段、蒜2瓣、刀削面1把（约150g）

调料： 油2大勺、生抽1大勺、盐0.5小勺、白糖0.5大勺、清水2碗

50分钟　中级　1人

西红柿牛肉面如何做才鲜香入味？

炖牛肉时，开始要掀开锅盖，可以去除异味，改小火后，再加盖焖炖；西红柿炒过后再加水炖，可使西红柿变软出汁，若直接放入牛肉汤中，则西红柿中的茄红素无法充分释放，不能被人体吸收。

制作方法

1 西红柿洗净，在顶部划"十"字。

2 锅中加水煮沸，放入西红柿煮2分钟，捞出、放凉、去皮，切块，备用。

3 小白菜洗净、去根，切成5cm长的段，焯水、捞出、滗干。

4 牛肉洗净，切成3cm见方的块；葱洗净，切葱花；蒜切片。

5 锅中加油，烧至七成热，大火煸炒牛肉块至变色，放入葱花、蒜片爆香。

6 转成小火，倒入西红柿块，继续煸炒约2分钟。

7 再倒入生抽、盐、白糖，煸炒上色，炒至西红柿软烂出汁。

8 加入清水，盖上锅盖，大火煮沸后，转小火，焖炖约30分钟。

9 另起水锅，煮熟刀削面，盛出，浇上西红柿牛肉卤，放上小白菜，即成。

洋葱牛肉包

材料：葱1段、姜1块、洋葱1个、牛肉馅1/3碗、发好的面团1块

调料：蛋液2小勺、盐2小勺、白糖1大勺、酱油1大勺、油2大勺、香油2大勺

制作方法

1 葱、姜去皮，切成碎末，放在碗内，加入2大勺开水，用手反复抓捏，滤出葱姜水，备用。

2 洋葱洗净，去皮，切成碎末。

3 牛肉馅反复剁成更加细腻的肉泥后，放入碗内，倒入蛋液、盐、白糖、酱油。

4 再分次倒入葱姜水，边倒边同一方向搅拌，使肉馅湿润、上劲，成为充满弹性的肉团。

5 洋葱末倒入碗内，倒入油、香油，再次搅拌均匀，使食材充分混合，即成馅料。

6 发好的面团擀成皮，包进适量馅料，收口、捏紧后，放入蒸锅，大火蒸20分钟即可。

洋葱牛肉包怎么做才香嫩软弹？

做馅料时，需要将牛肉馅再加工，剁成更加细腻的肉泥，然后依次倒入蛋液、盐、白糖、香油等调料，可使馅料鲜嫩可口；另外，在搅拌时，葱姜水必须分次倒入，按同一方向用力搅拌，可使肉馅吸水、上劲，弹性十足。

40分钟 中级 1人

羊肉的
花样吃法

孜然羊肉、葱爆羊肉、羊肉泡馍、羊肉烩面……
不同的地域特色，花样的羊肉吃法，
为你上演一场滋补养身的美食恋歌！

葱爆羊肉

做孜然羊肉，可选用
羊后腿肉或羊里脊肉，此部位
肉质细嫩，适合煎炒；腌制
羊肉时，加入淀粉或鸡蛋清，
可使肉质更嫩。

孜然羊肉

炖羊肉

材料：羊肉1块、葱白1段、姜1块、香菜3根、胡萝卜1根、白萝卜1根、花椒2小勺

调料：米酒3大勺、盐2小勺、白胡椒粉1小勺、香油1小勺

制作方法

可以葱姜、花椒去腥、增香

1 羊肉洗净，切成约3cm见方的块状；锅中加入清水烧开，放入米酒、羊肉，焯烫5分钟，捞出。

2 葱白洗净，切段；姜洗净，切片；香菜洗净，切末；胡萝卜和白萝卜洗净、去皮，切成滚刀块。

3 将焯过水的羊肉和葱段、姜片、花椒一起放入高压锅中，加清水没过食材，炖20分钟后，排气。

4 接着放入白萝卜、胡萝卜块，加盖，续炖10分钟。

5 炖至羊肉软烂、白萝卜和胡萝卜熟透后，加入盐、白胡椒粉调味。

6 最后，淋入香油，撒上香菜末，即可盛出食用。

羊肉怎么炖才香嫩不腻又营养加倍？

炖羊肉时，与胡萝卜、葱、姜、酒等一起煮，可去除羊膻味，还能补充羊肉缺乏的胡萝卜素和维生素；胡萝卜素是脂溶性维生素，可借羊油进行更好的消化吸收，这样炖羊肉既不油腻，还更有营养。

孜然羊肉

材料：羊腿肉1块（约350g）、香菜2根、洋葱半个

腌料：料酒1小勺、生抽1小勺、孜然粉0.5大勺、水淀粉1大勺

调料：油1碗、孜然粒1大勺、辣椒粉1小勺、盐1小勺、白糖0.5小勺

制作方法

羊肉切丁可以保留肉中的水分

① 羊腿肉洗净、控干水分，切成2cm见方的块，放入碗中，加腌料腌制10分钟。

② 香菜洗净，切成段；洋葱洗净，切成2cm见方的块状，备用。

③ 炒锅中倒入油，烧至七成热后，下入羊肉，炸至表面金黄，盛出。

炒羊肉要用大火快炒，锁住肉中的水分，使羊肉口感细嫩

④ 净锅，待锅中水分烧干时，倒入孜然粒，用小火煸炒出香味，再倒入辣椒粉，炒匀。

⑤ 将羊肉放入锅中，加盐、白糖调味，大火快炒，让羊肉均匀地沾裹上孜然粒和辣椒粉。

⑥ 最后，下入洋葱丁和香菜段，翻炒均匀，出锅即可。

孜然羊肉怎么炒才能干香爽口？

做孜然羊肉，可选用羊后腿肉或羊里脊肉，此部位肉质细嫩，适合煎炒；腌制羊肉时，加入淀粉或鸡蛋清，也可使肉质更嫩；炸羊肉丁要用中大火，才可锁住肉汁，然后以大火煸炒，口感才会干香好吃。

20分钟　中级　4人

红焖羊肉

材料：葱1根、姜1块、香菜1根、蒜10瓣、羊肉1块、红枣5颗、枸杞8粒

香料包：白芷2片、陈皮1大勺、桂皮1块、小茴香1大勺、草果1个、丁香1根、甘草1大勺、花椒1大勺、砂仁3个、豆蔻3个、沙姜1块、八角3颗

调料：油1大勺、白糖3大勺、熟菜油2大勺、猪油1大勺、牛油1大勺、郫县豆瓣酱1大勺、甜面酱1大勺、骨汤5碗、料酒2大勺、盐1小勺、孜然粉1大勺、胡椒粉1小勺

⏱ 1小时20分钟　🍲 高级　🍽 4人

红焖羊肉怎么做才肉香汤浓？

此菜要充分利用焯烫和香料遮去羊肉腥味，只留下肉香；红汤醇厚的滋味源于糖、酱料与骨汤的融合，故要小火炒糖，避免发苦，慢炒酱料，炒出酱香味，待各种香味融合后，炖肉即可。

制作方法

① 葱、姜均去皮，切片；香菜洗净，切段；蒜去皮，对半切开。

② 羊肉洗净，切成3cm见方的块状，放入滚水焯烫，去除血水和腥味，捞出，备用。

③ 锅中加油，放入白糖，不断搅拌，小火炒出糖色，加入半碗开水搅匀，盛出。

④ 净锅，将熟菜油、猪油、牛油倒入锅内，中火化开。

⑤ 下入郫县豆瓣酱、甜面酱和蒜瓣，炒出香味。

⑥ 之后倒入焯烫过的牛肉、骨汤和料酒。

⑦ 接着倒入糖水，放入香料包、葱姜和香菜，大火煮沸，以增香、去腥。

⑧ 然后连肉带汤倒入砂锅，转小火炖50分钟，加盐、孜然粉、胡椒粉。

⑨ 最后，放入红枣、枸杞，搅拌均匀，即可享用。

炖羊脊骨

材料： 羊脊骨1根、洋葱半个、香菜2根、葱1段、姜1块、干红辣椒3个、花椒1小勺、香叶2片、开水5碗

香料包： 花椒2小勺、香叶4片、小茴香1小勺、肉蔻1个、丁香2个

调料： 料酒2大勺、油2大勺、生抽2大勺、老抽1大勺、红糖1大勺、盐2小勺

制作方法

1 羊脊骨剁成6cm大小的块状，冲洗干净后，放入清水中浸泡1小时，泡出血水。

2 洋葱去皮、洗净，切片；香菜洗净，切段；葱、姜均洗净，切片；干红辣椒洗净，切段，备用。

3 煮锅中加入七成满的清水，放入1小勺花椒、2片香叶和一半葱姜，大火煮开。

汤水还滚沸时捞出脊骨，可避免沾满浮沫

4 再放入羊脊骨，加1大勺料酒，大火煮5分钟，捞出、沥干，备用。

5 锅中加油，下入洋葱片、香菜，用小火炒香，待洋葱焦黄，香菜变蔫后，盛出不用。

6 借锅中煸好的油，放入羊脊骨，煎出油脂。

7 将香料包放入锅内，再放入干红辣椒和其余葱姜，并加料酒、生抽、老抽、红糖，去腥、调味、上色。

8 然后加开水，使水量没过羊脊骨，大火烧开后，转小火，加盖焖煮1小时。

9 最后，用盐调味，继续加盖焖煮30分钟，焖至肉质软烂，即可享用。

羊肉性温热，可以去湿气、避寒冷、暖胃寒，

有补气滋阳、开胃健脾的功效；

羊吃百草，故有"百药之库"之称，冬季食用羊肉，

可起到滋补和防寒的双重效果，是冬季的滋补佳品。

1小时50分钟　　高级　　2人

蒜爆羊肉

材料：蒜1头、羊肉1块

调料：油6大勺、老抽1小勺、醋1大勺、白糖1.5大勺、盐1小勺

腌料：盐1小勺、料酒1大勺、淀粉1大勺、鸡蛋清1份

制作方法

❶ 蒜去皮、洗净，切片。

❷ 羊肉洗净，逆着肉纹切成0.3cm厚的片状。

❸ 切好的羊肉片中加入腌料，抓匀，腌制20分钟。

❹ 炒锅中加4大勺油，大火烧至六成热，下入羊肉，加老抽，滑炒至变色，盛出。

❺ 锅中另加2大勺油，下入蒜片，小火炒至蒜片呈金黄色，蒜香味飘出。

❻ 放入炒好的羊肉，再沿锅边淋入醋，加白糖、盐调味，转大火翻炒出香味即可。

蒜爆羊肉怎么炒才能鲜嫩入味？

羊肉腌制入味以后，要入锅滑炒，油以多加为宜，以免粘锅、破碎；将羊肉煸炒至表面出油，再加入蒜片煸炒，味道会更香；蒜片要小火煸炒，可使蒜香充分释放。

30分钟　中级　2人

91

白切羊肉

材料：葱1段、姜1块、香葱2根、羊肉1块

香辛料：桂皮1块、八角5颗、花椒1大勺、茴香1大勺、陈皮5片

调料：油2大勺、盐1大勺、白糖1大勺、生抽1大勺、料酒1大勺、香油1大勺

制作方法

❶ 葱洗净，切成葱段；姜洗净，切成姜片；香葱洗净，切末；桂皮掰成1cm见方的小片。

❷ 将所有香辛料用纱布包起、绑紧，做成"香料包"。

❸ 用刀剔除羊肉的筋膜，以保证羊肉的口感。

❹ 羊肉放入冷水中，大火加热，焯烫、洗净、滗干。

❺ 锅中加油，烧热后下入葱段、姜片爆香。

❻ 再放入羊肉，略微翻炒。

❼ 接着倒入开水，放入香料包。

❽ 加盐、白糖、生抽、料酒调味。

❾ 用大火煮开，撇沫，转小火，加盖煮1小时后，捞出、切片，放入香油和香葱即可。

羊肉营养价值极高，性温热，能够滋阴补气、开胃健力，向来被称为补充阳气、增益血气的温热补品。
羊肉肉质细嫩，易于消化吸收，有助于提高身体免疫力，历来被当做秋冬御寒和进补的重要食品之一。

🕐 1小时15分钟　🍲 中级　🍚 3人

豆豉马蹄羊肉

材料：羊肉1块、马蹄12个、姜8片、蒜6瓣、葱5段、干红辣椒6个、豆豉3大勺、香菜末1小勺

调料：油5大勺、盐1大勺、生抽3小勺、白酒2大勺、迷迭香1大勺

制作方法

❶ 羊肉切块，在清水中充分搓洗，以去除血水，捞出、滗干，备用。

❷ 马蹄洗净，削去外皮。

❸ 炒锅中放油，烧热后放入姜、蒜、葱、干红辣椒以及豆豉爆香。

❹ 倒入切好的羊肉，大火翻炒。

❺ 待羊肉变色后，加入盐、生抽、白酒调味。

❻ 不断翻炒约3分种，使各调料与羊肉充分融合。

清水没过羊肉约2cm为宜

❼ 锅中倒入清水，并放入去皮后的马蹄。

❽ 放入迷迭香，大火煮开。

❾ 煮开后，转小火慢炖2小时，炖至软糯后，撒入香菜末即可。

豆豉由黑豆制成，而黑豆有'肾之谷'的美称，可滋阴补肾。马蹄富含磷，可以调节人体内脂肪、糖以及蛋白质的代谢。而其清脆甜爽的口感与羊肉相搭配，可解油腻，丰富口感的层次。

🕐 2小时30分钟　🍲 高级　🍜 4人

沙茶羊肉

材料：羊肉1块、蒜4瓣、小红辣椒2个、荷兰豆1把

腌料：料酒1大勺、生抽1大勺、鸡蛋清1份、淀粉1小勺

调料：油4大勺、沙茶酱2大勺、盐0.5小勺、白糖1小勺

制作方法

1 羊肉去筋膜、洗净，切成片状，加入腌料，腌15分钟入味。

2 蒜去皮、洗净，对半切开；小红辣椒洗净、去蒂，切圈，备用。

3 荷兰豆掐掉两端，去除老筋，洗净，切开，放入滚水焯烫，捞出、过凉，备用。

4 锅中加油，下入腌好的羊肉片，大火滑炒至变色，盛出，备用。

5 锅中留底油，小火爆香蒜粒、小红辣椒圈，蒜香味飘出后，加沙茶酱炒香。

6 然后下入羊肉片、荷兰豆，转大火翻炒1分钟，加盐、白糖调味，即可出锅。

沙茶羊肉怎么做才香浓软嫩？

爆香辣椒、蒜粒后，先把沙茶酱炒出香味，再放羊肉翻炒，这样才入味；此外，荷兰豆先焯水，再煸炒，更易成熟。

30分钟 中级 2人

豆豉香葱羊肉

材料：羊腿肉1块、香葱1把、香菜5根、豆豉3小勺、蒜末1小勺、干红辣椒5个、白芝麻1小勺

调料：水淀粉3大勺、油5勺、盐1小勺、白糖2大勺、料酒2大勺

⏰ 30分钟　🍲 中级　🍚 4人

豆豉香葱羊肉怎样做才能豉香浓郁？

把羊肉块在水淀粉中搅拌片刻，可以让炒出来的羊肉更加滑嫩，口感细腻。豆豉用油爆香，可以最大限度地散发出豆豉的香味，让做出来的羊肉豉香浓郁。烹制全程讲求大火爆炒，以紧紧锁住香味。

制作方法

在水淀粉中搅拌可让羊肉更滑嫩

❶ 羊腿肉洗净、滗干水分后，切成2cm见方的小块。

❷ 羊肉块放入水淀粉中，搅拌均匀，备用。

❸ 香葱、香菜洗净，切成小段，备用。

❹ 锅中倒入油，烧热后将搅拌好的羊肉块下锅，大火快速翻炒。

❺ 翻炒至肉变色时捞出，滗干油分待用。

❻ 锅中留底油，烧热后下豆豉、蒜末爆香。

❼ 倒入之前炒好的羊肉块，翻炒约30秒。

❽ 调入盐、白糖、料酒、干红辣椒，继续翻炒1分钟后，撒入白芝麻。

❾ 最后再翻炒约2分钟，撒入香菜和香葱，略微翻炒即可关火盛出。

葱爆羊肉

材料：羊后腿肉2块、洋葱半个、葱3根、蒜6瓣

调料：料酒2大勺、生抽3大勺、淀粉3小勺、油5大勺、盐1小勺、白糖1小勺、白醋2小勺、香油1小勺、水淀粉3大勺

制作方法

薄羊肉片更易入味，且容易爆香

① 羊后腿肉在清水中洗净，捞出沥干水分。

② 羊肉切成约0.5cm厚的片。

③ 羊肉片用料酒、生抽、淀粉抓拌，腌制15分钟。

用手剥开葱片便于受热均匀

④ 洋葱洗净，切丝，备用。

⑤ 葱洗净，用刀把葱白切成滚刀块，再用手把每层葱片一一剥开。

⑥ 炒锅中倒入油，待烧热后，倒入腌好的羊肉片爆炒1分钟后盛出。

醋要沿锅边倒入，以加快挥发

⑦ 锅中留底油，烧热后倒入洋葱丝、葱片、蒜瓣煸香。

⑧ 将炒过的羊肉片倒入，一起翻炒均匀后，调入盐、白糖、白醋、香油。

⑨ 所有材料煸炒约2分钟后，用水淀粉勾薄芡，大火再煸炒约30秒即可。

大葱含烯丙基硫醚，与羊肉中的维生素B$_1$一起摄入，能更好地解除体虚乏力，有健脑提神的功效。大葱中还含有具刺激性气味的挥发油和辣素，可以轻微刺激相关腺体的分泌，从而起到利尿排汗的作用。

30分钟　初级　4人

香烤小羊排

材料：红彩椒半个、黄彩椒半个、柠檬 1 个、羊肋排2根、新鲜芦笋4根、法香碎0.5小勺

调料：盐2小勺、黑胡椒粉1小勺、黄油2大勺、橄榄油1小勺、黑胡椒碎1小勺

🕐 2小时40分钟　🍴 中级　🍚 2人

羊排怎么烤才能香嫩入味？

烤出香嫩羊排的前提是选择上好的羊排肉，新鲜的羊排最好不要用水浸泡，不然会削减羊肉的鲜味；羊排肉厚，所以腌料可以多放一些，并可用手按摩羊排，使羊排充分入味。

制作方法

1 红彩椒、黄彩椒均洗净、切条后，摆入盘中，备用。

2 柠檬皮擦丝，果肉榨汁；羊肋排沿骨缝切开、洗净、沥干，备用。

3 将羊排平放于铺有锡纸的烤盘上，撒上1小勺盐和黑胡椒粉，腌制2小时。

4 将烤箱预热8分钟至150℃，放入羊排，两面各烤20分钟，至表面色泽变黄，盛出放入蔬菜盘中。

5 芦笋洗净、去根、焯烫、沥干，煮芦笋的水留用。

6 煎锅中放入黄油、橄榄油和1大勺煮芦笋的水，中火加热，放入芦笋翻炒。

7 再倒入1大勺煮芦笋的水和柠檬汁，翻炒1分钟后，盛入羊排盘中。

8 撒上1小勺盐、黑胡椒碎，增添风味。

9 最后，再均匀撒上柠檬皮丝和法香碎，即可享用。

白萝卜羊排锅

材料：葱1根、姜1块、蒜5瓣、白萝卜1根、芹菜1根、羊排12根、桂皮1块、八角5颗、骨汤7碗

调料：生抽1小勺、十三香1小勺、胡椒粉1小勺、料酒1大勺、盐2小勺、白糖1.5小勺

配菜：白菜1盘、粉丝1盘、豆皮1盘

制作方法

❶ 大葱去根、去皮，切段；姜去皮，切片；蒜去皮，对半切开。

❷ 白萝卜去皮，切成0.3cm厚的片状；芹菜洗净，切段，备用。

❸ 羊排剁成小块，放入冷水，大火加热，焯烫、捞出、洗净，备用。

❹ 将羊排块放入高压锅内，加姜片、桂皮、八角。

❺ 倒入6碗清水，加盖高压烹煮20分钟，排气，盛出。

❻ 另起锅将骨汤倒入，大火煮沸，下入羊排块。

❼ 再放入白萝卜片、葱段、蒜粒、芹菜段。

❽ 加生抽、十三香、胡椒粉、料酒调味，搅拌均匀，再次煮沸。

❾ 接着放入盐、白糖调味，倒入火锅盆中，即可涮食配菜。

白萝卜含有丰富的维生素A、维生素C等各种维生素，
其中维生素C的含量是根茎类蔬菜的4倍以上，能防止皮肤老化；
羊肉可增强消化酶功能、保护胃壁、帮助消化，
中医认为，羊肉还有补肾壮阳的作用，适合男士经常食用。

40分钟　中级　4人

生姜羊肉汤

材料： 羊肉1碗、姜1块、葱白1段、枸杞0.5大勺、清水6碗、香菜末半碗

调料： 料酒1大勺、盐1.5小勺、白糖0.5小勺、孜然粉0.5小勺

1 羊肉洗净，剔除表面筋膜。

2 逆纹将羊肉切成3cm见方的块状。

3 将羊肉块焯水，撇去浮沫，捞出、洗净，滗干，备用。

4 姜洗净，切片；葱白洗净，切成葱段；枸杞洗净，备用。

5 锅内倒入清水，放入羊肉块、姜片和葱段。

6 大火煮开，转小火熬煮1小时。

7 接着，放入料酒、盐、白糖，搅拌均匀。

8 往锅中撒入枸杞，继续煮10分钟。

9 最后，撒上孜然粉、香菜末即可。

生姜能发散风寒，如果患轻微感冒等，用生姜加红糖泡水，趁热饮用，可以起到发汗、驱寒的作用；生姜还有促进消化腺分泌的作用。另外，羊肉也是温性食材，食用后可以暖胃养生。

🕐 1小时30分钟　☗ 初级　🍚 3人

羊肉泡馍

材料：羊肉2块、羊骨2根、干木耳5朵、粉丝3把、干馍2个、香菜末1小勺

香料包：姜3片、葱4段、桂皮半块、八角3颗、香叶1小勺、草果2个、小茴香10粒、花椒2小勺

调料：盐1小勺、胡椒粉1小勺、香辣豆豉酱2小勺

制作方法

浸泡可去除其中的血水

1 羊肉和羊骨洗净，在清水中至少浸泡2小时。

2 姜、葱、桂皮、八角、香叶、草果、小茴香、花椒用纱布包起，做成"香料包"。

3 将浸泡好的羊肉和羊骨放入汤锅中，加入清水，大火烧开后，撇去血沫。

4 汤锅中放入做好的香料包，大火继续烧开后，转中小火焖煮2小时。

5 捞出焖煮好的羊肉，晾凉后切片，备用。

6 干木耳泡发、洗净，切丝后，与粉丝一起放入锅中煮熟，加盐、胡椒粉调味。

7 干馍用手撕成小块，放入碗中。

8 倒入已煮好的粉丝木耳汤。

豆豉酱不用搅拌直接吃更正宗

9 往碗里加入切好的羊肉片，加香辣豆豉酱和香菜末调味即可。

羊肉富含脂肪、维生素、钙、铁、磷等，
且胆固醇含量较低，是滋补身体的良好食材。
冬天里常吃羊肉可以促进血液循环，增强抵御寒冷的能力。

4小时20分钟　　高级　　4人

烤羊肉串

材料：羊后腿肉1块、洋葱半个

调料：油2大勺、盐1小勺、蒜蓉1大勺、生抽3大勺、辣椒粉1大勺、孜然粉2大勺

制作方法

① 羊后腿肉洗净，在清水中浸泡约15分钟后，捞出沥干。

② 洋葱洗净、切丝，备用。

肉要肥瘦相间，避免柴腻

③ 将沥干后的羊肉切成小块，放入碗中备用。

竹签事先用水泡透，以防烤焦

④ 将洋葱丝、油、盐、蒜蓉、生抽调入羊肉中，腌制2小时。

⑤ 将腌制好的羊肉块用竹签串上。

铺锡纸可防止烤肉时滴下的汁液碳化后难以清洗

⑥ 烤盘内铺入锡纸，把串好的羊肉串放入烤箱。

⑦ 烤箱预热200℃左右，烤15分钟，至羊肉出油。

⑧ 将烤好的羊肉串取出，撒上辣椒粉和孜然粉。

⑨ 重新放入烤箱，再烤5分钟，即可取出食用。

羊肉可降低呼吸中枢的兴奋性，使呼吸平缓，有镇咳平喘的作用。羊肉也可以增强皮肤的抗损伤能力，并淡化皱纹。羊肉中的蛋白质经消化吸收后形成各种氨基酸，可帮助合成角蛋白，有护发的功效。

🕐 1小时30分钟　🍴 高级　🍽 4人

羊肉丸子汤

材料：羊肉1块、姜末3小勺、鸡蛋1个、卤水豆腐1块、枸杞0.5大勺、香菜末1小勺

腌料：五香粉1小勺、淀粉1大勺、盐1小勺、油2小勺、蚝油2小勺、生抽3小勺、老抽1小勺、料酒2小勺

调料：香油1小勺

🕐 40分钟　🍲 中级　🍜 4人

羊肉丸子怎样做才能更鲜香嫩滑？

在羊肉丸子中撒入姜末，可有效去除膻味。而加入鸡蛋，一来可以增加营养，二来也可以让丸子的口感更加鲜香。卤水豆腐不仅可以淡化羊肉膻味，与淀粉、鸡蛋相配合，还可让丸子更加嫩滑。

制作方法　瘦肥比例为2：1

1 羊肉洗净、切成小块后，剁成肉馅。

2 羊肉馅放入姜末和腌料，搅拌均匀。

3 鸡蛋打入羊肉馅中，继续搅拌均匀。

卤水豆腐可淡化羊肉的膻味

4 将卤水豆腐捏碎，放入肉馅中再继续搅拌。

5 将搅拌好的肉馅静置15分钟，使其腌制入味。

6 将肉馅抓捏成一个个大小形状差不多的圆形丸子，备用。

7 锅中倒入清水，大火烧开，将捏好的羊肉丸子下锅。

8 大火继续烧开至丸子煮熟，撒入枸杞，转小火稍焖一会儿。

9 关火盛出，撒上香菜末，淋入香油即可。

牙签羊肉

材料： 羊后腿肉1块、葱1段、姜1块

调料： 香油1小勺、料酒1大勺、盐1小勺、油2碗、辣椒粉1大勺、花椒粉1小勺、孜然粉1大勺、白糖1小勺、熟白芝麻1大勺

制作方法

❶ 羊后腿肉洗净、去除筋膜，切成宽约3cm、厚约0.3cm的片；葱、姜均洗净，切末。

❷ 加入香油、料酒、0.5小勺盐和葱姜末抓匀，腌制1小时。

❸ 将腌好的肉，串在牙签上，每根串2-3片即可。

❹ 锅中加油，大火烧至七成热，放入羊肉串，炸1分钟至肉串酥黄，捞出、滗油。

❺ 锅中留底油烧热，放入剩余盐和辣椒粉、花椒粉、孜然粉、白糖炒匀。

❻ 最后，放入炸好的羊肉串，搅拌均匀，撒上熟白芝麻，盛出，即可享用。

牙签羊肉怎么炸才能香酥可口？

羊肉应尽量切成大小一致的肉片，以使炸制时成熟度保持一致；炸制的时候应注意控制时间和火候，火候不宜过大，时间也不宜过长。

台湾羊肉炉

材料：白菜6片、北豆腐1块、带皮羊肉2块、葱粒3勺、姜4片，香菜末1大勺、香葱花1大勺、豆腐乳1/3碗

调料：油5大勺、豆瓣3大勺、高汤2碗、生抽3大勺、白糖1小勺、盐2小勺

🕐 1小时20分钟　🍲 高级　🍚 4人

台湾羊肉炉如何做出正宗风味？

羊肉要带皮，这样口感滑腻又有嚼劲。肉块不要切得太大，以免不易煮烂。食材要在陶锅中小火慢炖，以最大限度保留原材料的原汁原味。最后，蘸豆腐乳食用，这是最具台湾风味的吃法。

制作方法

1 白菜洗净，切段；北豆腐洗净，切块，备用。

2 羊肉在清水中浸泡洗净后，切成5cm宽的块，备用。

3 锅中放水，放入羊肉，大火烧开。

冷水下锅加热焯烫羊肉可更有效去腥

4 焯烫至变色后，捞出，泡入凉水。

5 炒锅中倒入油，烧热后下葱粒、姜片、豆瓣炒香。

6 再加入白菜、高汤、生抽、白糖、盐，搅拌均匀。

7 放入羊肉块，大火烧开，将所有食材移入陶锅，大火煮开。

陶锅可更好锁住材料的原味

8 然后放入豆腐块，加盖小火慢炖1小时，使羊肉软烂。

9 最后，撒入香菜末和香葱花，蘸搅成泥状的豆腐乳即可食用。

羊肉胡萝卜饺子

材料：胡萝卜1根、羊肉1块、葱粒5小勺、姜末2小勺、花椒3小勺、蒜末1小勺、面粉3碗

调料：花生油4大勺、盐2小勺、蚝油3大勺、生抽3大勺、甜面酱3大勺、香油2小勺

制作方法

宜挑选略带肥的羊肉，口感更佳

❶ 胡萝卜洗净、去皮，擦成细丝。

❷ 羊肉洗净、剁碎，快剁好时加入葱粒、姜末，一起剁匀。

❸ 碗中放入半碗开水，放入花椒泡开。

加水可以让肉馅更好吃

❹ 花椒水分次加入剁好的羊肉馅中，每加一次水，顺时针拌匀，直至把水加完。

❺ 加入花生油、盐、蚝油、生抽、甜面酱、香油及胡萝卜丝，搅拌均匀。

面团和好后醒20分钟，避免饺子破皮

❻ 将面粉倒入盆中，加入清水，和成软硬适中的面团。

❼ 将面团搓成圆形的长条，再切成大小适中的面剂子，然后擀成圆皮。

❽ 把肉馅放到擀好的圆皮上，包成水饺的形状。

❾ 锅中放入清水，大火烧开，下饺子，煮熟后捞出即可。

羊肉含有丰富的蛋白质和氨基酸，胡萝卜富含β-胡萝卜素，可在人体内转化为维生素A。羊肉胡萝卜饺子具有全面的营养价值，能给人体补充充足的营养，对于贫血、体虚、畏寒及一切虚寒病症都有益处。

🕐 50分钟　🍲 高级　🥣 4人

羊肉手抓饭

材料：羊肉1块、胡萝卜半根、洋葱半个、大米1碗、青豆1大勺、葡萄干2大勺

调料：油2大勺、生抽1大勺、料酒3小勺、盐3小勺、白胡椒粉1小勺、孜然粉2小勺

🕐 1小时　🍲 高级　🥣 3人

羊肉如何做才能去膻气、不油腻？

羊肉同胡萝卜、洋葱一起翻炒，可减少羊膻气味，还可补充羊肉所缺乏的胡萝卜素和维生素；羊肉中煎出的羊油可使胡萝卜素被人体更好地消化吸收，这样炒出的羊肉既不油腻，还更有营养。

制作方法

❶ 羊肉洗净，剔除筋膜。

❷ 把去除了筋膜的羊肉切成3cm见方的块。

❸ 胡萝卜去皮、洗净，切成1cm见方的小丁；洋葱去皮、洗净，切末；大米用水浸泡30分钟。

❹ 锅内加入2大勺油烧热，放入羊肉块，小火煸至表面微黄。

❺ 接着倒入洋葱末炒香，转中火，放入胡萝卜翻炒，倒入生抽调味。

❻ 然后加入料酒，倒入大米，将大米翻炒至颗粒分明。

❼ 拌匀后，加盐、白胡椒粉、孜然粉调味。

❽ 接着倒入适量清水，水量以没过大米1cm为宜，再放入洗净的青豆，开始焖饭。

❾ 焖完后，均匀地撒上葡萄干，即可盛出。

羊肉烩面

材料：黄花菜3根、干海带1片、羊肉1块（约100g）、生姜1个、大葱1根、八角4颗、草果3个、茴香3个，鹌鹑蛋5个、手擀宽面1份（约150g）、香菜末1大勺

调料：盐2小勺、白糖1小勺、胡椒粉 2 小勺、香油1小勺

🕐 22分钟　🍲 中级　🍜 1人

羊肉烩面怎么做才汤鲜味美？

在熬制羊肉汤时，加入少许鸡骨，可以提升汤的鲜美度；若是想喝辛香味浓重的羊肉汤，可以将桂皮、草果、小茴香等香料包入纱布袋，放入锅中与羊肉同煮，使辛香味更浓，并起到去膻味的作用。

制作方法

1 黄花菜洗净，切小段；干海带提前2小时浸泡，捞出、洗净，切丝。

2 羊肉洗净，切块，浸泡1小时，泡出血水。

3 姜切片，葱切段，姜和葱同八角、草果、茴香一起放入香料包。

4 鹌鹑蛋洗净后煮熟、捞出、去壳，备用。

5 锅中换水，放入羊肉、香料包，大火煮沸，转小火炖1小时，加盐、白糖调味。

6 将煮好的羊肉捞出，切成厚0.2cm的薄片，备用。

7 将黄花菜段、海带丝、鹌鹑蛋一起放入羊肉汤内，小火煮熟。

8 再将面条放入锅中，一起烩煮入味。

9 加胡椒粉、香油，放入羊肉片，盛出烩面，撒香菜末，即可食用。

贺师傅天天美食系列

好评热卖中

百变面点主食

作者◎赵立广 定价/25.00

松软的馒头和包子、油酥的面饼、爽滑的面条、软糯的米饭……本书是一本介绍各种中式面点主食的菜谱书，步骤讲解详细明了，易懂易操作；图片精美，看一眼绝对让你馋涎欲滴，口水直流！

幸福营养早餐

作者◎赵立广 定价/25.00

油条豆浆、虾饺菜粥、吐司咖啡……每天的早餐你都吃了什么？本书菜色丰富，有流行于大江南北的中式早点，也有风靡世界的西方早餐；不管你是忙碌的上班族、努力学习的学子，还是悠闲养生的老人，总有一款能满足你大清早饥饿的胃肠！

魔法百变米饭

作者◎赵之维 定价/25.00

你还在一成不变地吃着盖浇饭吗？你还在为剩下的米饭而头疼吗？看过本书，这些烦恼一扫而光！本书用精美的图片和详细的图示教你怎样用剩米饭变出美味的米饭料理，炒饭、烩饭、焗烤饭，寿司、饭团、米汉堡，让我们与魔法百变米饭来一场美丽的邂逅吧！

爽口凉拌菜

作者◎赵立广 定价/25.00

老醋花生、皮蛋豆腐、蒜泥白肉、东北大拉皮……本书集合了各地不同风味的爽口凉拌菜，从经典的餐桌必点凉拌菜到各地的民间小吃凉拌菜，多方面讲解凉拌菜的制作方法，用精美的图片和易懂的步骤，让你一看就懂，一学就会！

活力蔬果汁

作者◎加 贝 定价/25.00

你在家里自己做过蔬果汁吗？你知道有哪些蔬菜和水果可以搭配吗？本书即以最有效的蔬果汁饮法为出发点，让你用自己家的榨汁机就能做出各种营养蔬果汁，养颜减脂、强身健体……现在，你还在等什么？赶紧行动起来吧！